# EF58
# 最後に輝いた記録

## 諸河 久

EF58が定期運用から離脱して30年以上が経過したが、今もって人気は高い。流線型の車体に蒸気機関車のような2-Cタイプの台車枠を対に配置し、暖房装置を搭載した旅客牽引にふさわしい電気機関車である。現在も車籍上は61号が現役として残っているが、稼働のための整備がされておらず、運転できる乗務員もほとんど在職していない状況では、現役復帰はあり得ないだろう。EF58の現役晩年期から定期運用を失う時期までと、その後の記録を紹介しよう。

8345レ　EF58154+一般客車　　*1974.12.15*　　東海道本線　湯河原〜熱海

# .....Contents

表紙写真：荷35レを重連牽引するEF58の勇壮なフォルム。
　　　　　EF5876＋EF5860　1978.7.26　東海道本線　川崎（東神奈川）～横浜
裏表紙写真：「踊り子53号」を牽引するEF5861のインプレッション。
　　　　　EF5861＋14系　1983.12.10　東海道本線　横浜付近

黎明の相模湾を背に白糸川橋梁を通過するＥＦ58が牽引の荷34レ。
*1976.3.14　東海道本線　真鶴～根府川*

# はじめに

　国鉄蒸気機関車が終焉を迎えた1975年当時、著者は「ポスト蒸気機関車」として新たな被写体を模索しており、国鉄特急列車やブルートレインが有力候補だった。その一つとして浮上したのがEF58に代表される国鉄旧型電気機関車で、ことに東海道・山陽・東北の三大幹線で活躍するEF58は、ポスト蒸気機関車の絶好の被写体として注目を浴びることとなった。

　1975年から1980年初頭にかけて、東海道筋の根府川、函南、金谷、関ケ原など、景勝地を走る美しきゴハチのフォルムを追い求める日々を過ごした。あれから半世紀近い歳月が流れ、カラーポジフィルムの退色等を考慮すると、今がEF58が有終の美を魅せた1970年代の作品を写真集として上梓する最後のチャンスだと認識した。

　自身のアーカイブスとして保存してきた伝説の「コダック・コダクロームⅡフィルム（KⅡ）」で撮影したEF58の名場面を厳選して、カラーグラフを構成した。モノクログラフには、ハッセルブラド＋ゾナーレンズによるゴハチ作品に加えて、青大将の「つばめ・はと」や20系ブルートレインを牽引する全盛時代も、諸先輩の作品をお借りして構成することができた。

　本書の作品解説には、畏友であり若きゴハチファンだった渡邉健志氏の筆を煩わせた。
　ゴハチ撮影に情熱を注がれた同好各氏からは、秘蔵される秀逸な作品の原板を拝借し、デジタルリマスターの工程を経て、印刷に適したモノクロデータに仕上げることができた。

　巻末特別折込には、1960年代からの熱烈な鉄道ファンであるイストレーターの小野直宣氏直筆の『EF58牽引「つばめ」』青大将時代のカラーイラストを掲載し、画竜に点睛を添えることができたと自負している。

　上梓にあたって、編集と構成等にご尽力いただいた田谷惠一氏を始めとする各位に、書上から謝意を表します。

2022年初夏
諸河 久

## EF5861 お召列車の記憶 Ⅰ

　EF58を語るには61号機と60号機の存在を忘れてはならない。EF58が製造される前、お召機として指定された
C51239号機やEF5316号は既に新製された機関車のうち出来栄えの良かった機関車をお召機として指定したのに対
して、EF58は国鉄から車号を指定して製造所に発注し、お召機として新製されている。さらにお召機は連番が望ま
しいということで61号機は本来、54号はであったものを61号機として新製している。新製ロットからいえば61号機
は東芝製であるが、振り換えたことで日立製になっている。

　新幹線網が整備されるまでは1号編成によるお召列車が多く運転され、EF58が走行可能線区であれば当たり前
の様にEF58がお召列車を牽引していた。その牽引回数は桁違いに多く、昭和中期以降のお召列車はEF58と共に
あったといえよう。

群馬国体お召列車（原宿～沼田）　EF5861＋1号編成　1983.10.14　高崎線　岡部～本庄

1983年群馬国体開催にともなう原宿～沼田間のお召列車。お召列車の通過時刻が近づき、警備のための警察のヘリコプター
が飛び始め、いつしか緊張が高まり周囲も静かになる。今か今かと列車を待つと、遠くからゴハチ特有のジョイント音が聞
こえて来た。

ベルギー国王接待お召列車（東京～鎌倉）　EF5861＋1号編成　*2001.3.28*　東海道本線横浜（保土ヶ谷）～戸塚（東戸塚）

時代が昭和から平成になり、61号機のお召列車は実現しないと勝手に決め込んでいたが、2001年にベルギー国王接待の形で
EF5861号機+1号編成のお召列車が運転された。日章旗の交差とはならなかったものの、磨き上げられた61号機を見ると、
やはり格の違いをまざまざと見せつけられた。当日の天気は芳しくなく、終日曇で時折雨が降るという予報だったが、東京
駅時点では曇だったものの、東神奈川あたりからは陽が射しだし、この撮影地では晴天になった。

栃木植樹祭お召列車（原宿～宇都宮～日光）　EF58172+1号編成　*1982.5.21*　日光線　下野大沢～今市

EF58のお召列車牽引記録の中で、唯一青いゴハチが牽引したのが、1982年栃木植樹祭の日光線お召列車だった。これは宇都宮駅で東北本線下り線から日光線への入線はスイッチバックとなるため、停車時間の短縮目的で実現したものだ。なんと白Hゴムの172号機が牽引機に指定された。宇都宮運転所には、東京機関区でお召予備機に指定されていたEF5873号機がこの年の春まで在籍したが、すでに廃車されていた。お召予備機として一度も陽の目をみなかった73号機の最後の晴れ晴れ姿が実現しなかったのは残念でならない。

フルムーンお召列車（原宿～福島）　EF5861＋1 号編成　*1984.9.25*　東北本線　東大宮～蓮田

1984年のフルムーンお召列車はEF5861号機にとって最後の日章旗交差のお召列車となった。また、長らくお召機関車整備に携わってきた東京機関区最後のお召列車でもあった。まだ夏の暑さの残る秋晴の中、マルーンのお召列車は快調に北上した。

9001レ　EF5861+14系　*1981.7.25*　東海道本線　醒ヶ井〜米原

EF5861号機はお召機ということで、晩年はイベントに引っ張りだこだった。その先駆けとなったのが1981年7月に運転された復活「つばめ号」だった。14系座席車の「つばめ」なんて、という声も聞こえたが、運転してみれば大人気を博し、沿線には多くの撮影者の姿が見られた。時間経過とともにイベント列車に充当される61号機は磨き上げられピカピカの姿となっていたが、普段着の61号機のイベント列車はかえって珍しくなってしまった。

## 「銀河」と「高千穂・桜島」を巡るEF58

　東海道本線でのEF58の活躍を回顧すれば、一般客車で組成された「銀河」と「高千穂・桜島」の存在を忘れられてはならない。

　「銀河」はハネ主体の華麗な編成美の先頭に立つEF58が朝の斜光線に映え、多くのファンを魅了した。いっぽう、「高千穂・桜島」はグリーン車を組成した日本一の長距離・長時間急行列車だったが、姿を消してからすでに47年が経過している。

1101レ「高千穂・桜島」　EF58163+一般客車　*1974.12.31*　東海道本線　品川〜川崎（大井町）

104レ「銀河」　EF58125＋一般客車　*1976.1.25*　東海道本線　真鶴〜根府川

今は防風フェンスが設置されて見る影もないが、根府川駅近くの白糸川橋梁はEF58の撮影地では一番人気といえよう。光線の奇麗な冬場にはEF58の正面に陽が回らないので、その時期の撮影は避けたことも懐かしい。定期列車の「銀河」は宮原機関区のEF58で牽引していたが、同区には大窓の43・47・53号機が君臨し、さらに原形小窓のEF58も多く配置されていたので、何号機がやって来るかが楽しみでもあった。この日は原形小窓の125号機だった。

　余談であるが、104レ「銀河」の東京方2両には座席車が連結され「つばめ」・「はと」等の特急に使用されたスハ44が充当されていた。晩年はスハ44の廃車が進み、スハフ42が連結されることが多くなった。

1101レ「高千穂・桜島」 EF58159+一般客車 *1974.12.15* 東海道本線 根府川〜真鶴

東京駅を10時に発車する1101レ「高千穂・桜島」は西鹿児島まで24時間以上の旅となる。所要編成は2編成では足りず、3編成で運行されていた。EF58にとっても下関までのロングラン運用だ。始発から1時間を過ぎた頃、名所である根府川の白糸川橋梁を通過する。この時間帯が撮影にはベストな光線状態で、同列車は絶好の被写体だった。なお、所定編成では荷物車や郵便車は連結されないが、繁忙期はしばしば写真のように郵便車や荷物車が臨時に組込まれることがあった。

104レ「銀河」EF58144+一般客車　*1976.2.11*　東海道本線　横浜（鶴見）〜川崎

104レ「銀河」は通勤ラッシュの終わった9時過ぎに東京駅に到着する。横浜駅で10レ「あさかぜ」を待避してから、ゆっくりと東京へ向かう姿は威風堂々の形容がピッタリだった。この頃の川崎駅周辺は工場と公団住宅しかない光景で、高層マンションが立ち並ぶ今の情景からは想像できない街並だった。104レ「銀河」は長距離夜行列車が停車しない三島駅に停車して、東海道新幹線に乗り換えて東京へ急ぐ旅客の便宜が図られていた。

1101レ「高千穂・桜島」 EF58161+一般客車
*1975.1.15* 東海道本線 川崎〜横浜（鶴見）

上下の「高千穂・桜島」の牽引は浜松機
関区が担当した。同区のEF58運用は汐留
〜下関の荷物列車牽引が多かったため、走
行距離が伸びて全検（全般検査）入場によ
る車体更新のテンポが早くなり、1970年
代後半には、あっという間に正面窓がH
ゴム化されていった。この161号機も1975
年３月の全検でHゴム化されている。

荷31レ　EF5860　*1975.1.31*　東海道本線　品川〜川崎（大井町）

EF5861号機とEF5860号機の関係をお召本務機と予備機と表現した文献を散見するが、それは誤りで、61号機が下りお召列車用、60号機が上りお召列車用の機関車というのが正しい。使用実績を重ねると61号機、というよりEF58そのものの信頼性が向上し、また2両のEF58をお召整備しなければならない煩雑さからか、いつしか61号機で上下のお召列車を牽引するようになり、60号機のお召し牽引は10回にも満たない回数にとどまった。新製当初の栄光に反して、他のEF58と同じように運用され、荷物列車の牽引機会も多かった。Hゴム化改造された上に、早期に廃車・解体された悲運の機関車だった。

## 東海道本線のEF58

　現在の様な物流形態が確立する以前の1970年代は、長距離の荷物輸送は鉄道が主流だった。東海道・山陽本線で
も最盛期は10往復を超える荷物列車が設定され、その荷物列車牽引を一手に引き受けていたのがEF58であった。
東海道・山陽本線におけるEF58の活躍の場は荷物列車だ、という印象が強い。

荷32レ　EF5853　*1978.3.25*　東海道本線　三島〜函南

荷32レ　EF5875　*1976.3.21*　東海道本線　三島〜函南

東海道本線の三島から函南にかけては、丹那隧道へのアプローチのために大きく迂回する線形をしており、富士山をバック
に列車を撮影することができた。正面写真は21ページの竹倉踏切、シチサン構図ならこの撮影地が有名だった。

荷35レ　EF5895+EF58　*1975.4.12*　東海道本線　横浜（保土ヶ谷）～戸塚（現：東戸塚）

東海道本線の荷物列車で印象深いのが、EF58が重連牽引する荷35レだった。1975年3月のダイヤ改正で設定されたが、それまで東北本線などで良く見られた機関車回送ではなく、牽引定数オーバーのための協調運転の重連で、常に4つのパンタグラフが上がる姿はEF58ファンを魅了した。荷35レは前が宮原機関区、後ろが浜松機関区で、名古屋まで重連運転となり、1978年10月まで3年6か月続いた。

荷32レ　EF5847　*1976.10.16*　東海道本線　湯河原～真鶴

東海道本線東京口でブルトレタイムと呼ばれた午前の好撮影時間帯にやって来るのが荷32レだった。先を走る104レ「銀河」と共に荷32レも宮原機関区のEF58が担当し、両列車共に大窓のEF58が来ると至福の一日となった。この47号機は長岡第二機関区に新製配置されたために、寒冷地仕様のつらら切りを装備している。東海道本線全線電化時に宮原機関区へ移動し、つらら切りと汽笛カバーの姿のままで活躍した。

荷32レ　EF58140　*1979.10.10*　東海道本線　真鶴〜根府川

白糸川橋梁を渡り根府川駅に進入するEF58140号機が牽引する荷32レ。同機は原形小窓でバランスのとれたEF58として人気が高かった。1958年の日立製作所製で宮原機関区に新製配置され、廃車まで宮原を離れなかった。

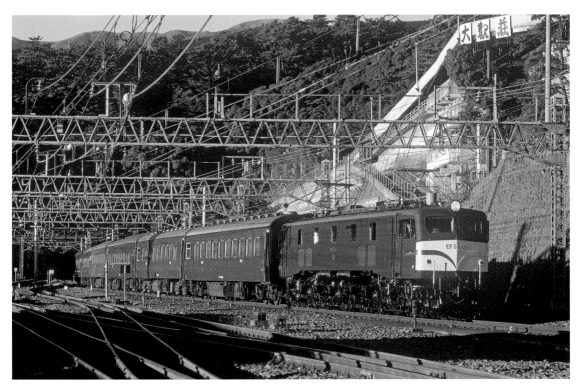

EF58139＋一般客車　*1976.11.28*　東海道本線　熱海駅

EF58の晩年期は一般形客車の大量廃車が進んでいる時期でもあった。10系寝台車の廃車回送をEF58が牽引する機会も多く、通常では見られない編成を牽引する姿も魅力的だった。廃車される10系寝台車とは対照的に全検出場したばかりの139号機の奇麗さが目立った一齣だ。

回8102レ　EF5826＋一般客車　*1975.3.8*　東海道本線　菊川～金谷

ダイヤ改正前後には転配客車を牽引するEF58も見られた。営業列車ではお目にかかれない珍編成が撮影出来るのもひとつの楽しみだった。写真は一般車ハザとロザを混結した珍しい編成だった。

EF5993+12系　*1976.12.29*　東道本線　関ケ原〜柏原

東海道本線は温暖なイメージがあるが、真冬の関ケ原は例外である。大雪の日は計画運休をする昨今だが、国鉄時代は遅れ
ながらも運転が継続されるのは当然であり、それが国鉄マンの矜持でもあった。深々と降り続く雪の中を行く宮原機関区の
暖地型EF58は、上越型とはまた違う魅力があった。

大井川橋りょう

EF 58 31

7111レ　EF5831+12系　*1975.3.22*　東海道本線　島田〜金谷

下関運転所のEF58は定期運用を持たず、九州から関門トンネルを抜けて本州にやって来る臨時列車の牽引を目的として配置されていた。創臨（創価学会の大石寺参拝用臨時列車）が頻繁に運転されていた時代には、九州からの創臨は専ら下関運転区のEF58が牽引した。写真は創臨の帰路となる7111レが大井川橋梁を渡る姿であるが、現在は立入禁止区域になり、撮影は不可能である。

## EF58　西の足跡

　関西圏におけるEF58の撮影地としては、山崎の大カーブが筆頭にあげられる。当時は道路と線路にフェンスの設置がなく、自由に撮影ポジションを選べた。EF58の牽く列車は宮崎〜大阪で運転されていた「日南」の回送だ。九州夜行列車の中では比較的短い列車編成で、撮影にアクセントを添えてくれた。

206レ「日南」（回送）　EF5815+一般客車　*1975.2.9*　東海道本線　高槻〜山崎

42レ「あかつき」　EF5881+14系　*1974.10.7*　山陽本線　塩屋〜須磨　撮影：大浦浩一

山崎の大カーブと並び、須磨海岸も好撮影地として有名であった。この区間は線路が東西に走っており、冬場でも列車の正面に陽が当たることが人気の理由だった。緩行線の103系や113系が併走して、悔しい思いをしたことも数えきれない。現在はこの場所には立ち入れず、思い出の撮影地となった。

荷39レ　EF58125　*1975.2.11*　呉線　須波〜安芸幸崎

C59やC62が活躍した呉線だが、電化後はEF58とEF15の天下になった。単線区間のEF58は本線とは違った魅力があった。呉線内にも呉駅など荷物扱い駅があり、呉線経由の荷物列車が設定されていたが、呉線で記録された EF58の荷物列車は極めて珍しい。

635レ　EF5821+一般客車　*1975.2.10*　呉線　広駅

電化前の呉線広駅は、通勤列車を牽引するC59やC62など大型蒸機が構内に並ぶことで有名だった。電化後は一部電車化されたものの、EF58牽引の客車列車が残っていた。EF58にSGのエキゾーストがまつわる姿は魅力的であった。

## EF58　東の足跡

　東北本線はEF56やEF57の時代が長く続いたが、両機の老朽化でEF58への置き替えが進捗し、EF58が活躍する線区になった。EF57とEF56の人気が高い東北本線では、EF58はイマイチだった。さらに、EF57置き替え用に広島や下関からEF58が転入した結果、ますます嫌われ者になった。しかしながら、時間の経過とともに次第にEF58の人気も高まり、かつてのEF57撮影地にはEF58を目当てにした三脚が並ぶようになった。

122レ　EF5873＋一般客車　*1976.12.30*　東北本線　宇都宮駅

123レ　EF5889+一般客車　*1975.1.5*　東北本線　氏家〜蒲須坂

東北本線のEF58は走行距離が上野・隅田川〜黒磯と東海道・山陽本線に比べて格段に短かった。そのために大宮工場への全検・要検の入場ペースが遅く、比較的原形窓が生き残っていた。東北本線は昼間にも普通客車列車の設定があり、効率よく撮影ができる線区だった。

上り臨時急行　EF58124＋一般客車　*1974.1.6*　東北本線　古河～栗橋

東北本線・奥羽本線・常磐線などの客車列車は、厳冬期の暖房効率から電気暖房（EG）化が普及しており、直流区間を牽引するEF58もかなり早くからEG化改造が進んでいた。繁忙期に東京機関区などから応援の機関車を借り入れると、必ずしもEGを備えた機関車とは限らない。その場合はSG車の限定運用をつくり、そこに応援の機関車を充当していた。

102レ「八甲田」　EF58109+一般客車　*1976.12.30*　東北本線　蒲須坂〜氏家

野州路の厳しい寒さに耐え、お目当ての列車がやって来た時の感動は格別だった。EF58109号機は東京機関区、高崎第二機関区、宇都宮運転所を転々としたが、終始関東一円で活躍したEF58だ。

124レ　EF58123+一般客車　*1977.1.4*　東北本線　蒲須坂～氏家

澄んだ大空に映える美しい那須連峰を背景にEF58が力走する。シャッターボタンを押す指が凍えるほど、厳冬期の撮影は辛いものがあった。EF57置き替え用に広島運転所などから宇都宮運転所に転入したEF58は電気暖房（EG）改造出来ない初期型だった。そのため、東京機関区配置の123号機を急遽EG改造し、広島組と交換して宇都宮運転所に転入させている。

8702レ　EF5871+12系　*1975.12.17*　高崎線　高崎駅

東北本線を走るEF58と信越本線・上越線を走るEF58とでは、その顔つきが大きく異なる。正面ガラスにデフロスタ、汽笛覆いなどを装備した高崎第二機関区と長岡運転所のEF58は総称して「上越型」と呼ばれており、EF58が雪まみれになって走る姿は大いにファンを魅了した。

8702レ　EF5890+一般客車　*1976.1.15*　上越線敷島〜渋川

1976年に天理教団体輸送臨時列車が大増発され、12系・14系が大量に充当された。通常は12系ないしは14系で運転される上越線の臨時急行列車だが、天理臨の影響で12系・14系客車が不足したために、このシーズンに限って一般客車での運転となった。

801レ「鳥海」 EF5886+一般客車 1979.8.20 上越線 水上駅

深夜、静まり返った水上駅に下り801レ「鳥海」が到着。EF58の前にEF16の補機が連結され、出発合図が鳴ると「鳥海」は重連で上越国境へと挑んでゆく。多数の夜行列車で賑わい、鉄道が輝いていた最後の時代の姿であった。

8702レ　EF58106+12系　*1975.2.2*　上越線　越後中里〜土樽

1970年代の冬のレジャーといえばスキーの時代で、人々はこぞってスキー場を目指した。そのため、週末の上越線では臨時列車が大増発され、客車の臨時列車も運転された。通常は撮影時間帯を走らない高崎第二機関区や長岡運転所のEF58を撮影出来る絶好の機会だった。写真のEF58106号機は長岡運転所で最後まで残ったSG搭載車で、秋の全検でEG改造されている。

荷4048レ　EF58106　*1979.8.14*　信越本線　鯨波〜青海川

海を背景にしたEF58といえば太平洋岸のイメージだが、信越本線では日本海を背に快走するEF58の姿があった。真夏のシーズンには、海水浴客を満載する客車を牽くEF58も見られた。当時の鯨波海水浴場に遊ぶ溢れんばかりの人、人、人の波に驚きを感じてしまう。

EF58173 *1974.12.22* 高崎第二機関区

夕陽に照らし出されてたたずむEF58173号機。同機は174号機・175号機と共に最終増備車となり、名実ともに最後のEF58である。173号機は新製当初から正面窓がＨゴム支持だった。これに対して、175号機は同じ発注ロットでも製造所が異なり、正面窓はパテ押さえになっていた。

## デジタルに刻んだEF58

　往年の蒸気機関車を今のデジタルカメラの画質で撮ってみたかった、と思うファンは多いことだろう。EF58に関しても同様で、プロ機材としてのデジタル一眼レフカメラが発売された時点でEF58の定期運用は存在しなかった。稼働できるEF58は波動輸送用に残っていた61号機のみだった。15年の歳月が経過した現在、2006年の夏に走ったゴハチの記憶を、高画質デジタルデータとして残せたことを嬉しく思っている。

9735レ　EF5861+12系　*2006.8.6*　上越線　上牧～水上

9734レ　EF5861+12系　*2006.8.5*　上越線　上牧～後閑

夏休みのイベント列車とはいえ、ヘッドマーク無しで12系を牽引する61号機の姿は現役時代を彷彿とさせてくれた。

9735レ　EF5861+12系　*2006.8.5*　上越線　後関～上牧

渋川から続く長い上り勾配をモーター音も高らかに61号機は駆け抜けて行った。この大築堤も今は樹木に覆われ、往時の撮影は不可能になった。

EF5861+サロンエクスプレス東京　2006.2.4　高崎線　新町～神保原

高崎駅構内の撮影会の帰路につく61号機。夕方の残照にゴハチが輝く一瞬を捉えた。

EF5861　2006.8.6　上越線　水上駅

水上駅での折り返し待機は、ホームの外れに留置されていた。いったんは下げられたパンタグラフを、機関士の厚意で早目に上昇してもらった。イベントでも、まったり撮影出来た良き時代だった。

# 2章
# モノクロームのEF58

5000万画素のデジタル一眼レフ「キヤノンEOS 5Ds」によるデジタルリマスターで、
モノクロームの名場面が蘇る。

## 「つばめ・はと」牽引時代

　EF58にとって、東海道本線が全線電化され、「つばめ」・「はと」を牽引した時代が一番輝いていたことは、疑う
余地がない。先輩諸氏が記録されたライトグリーンに輝く全盛時代のEF58を紹介したい。

1レ「つばめ」　EF5857＋一般客車　*1960.5.31*　東海道本線　東京駅　撮影：岩沙克次

1956年11月19日に東海道全線電化開通の記念列車下り「つばめ」を牽引したＥＦ5857号機だが、奇しくも客車編成最終日の
下り「つばめ」にも充当され、ライトグリーン時代のフィナーレを飾った。

1レ「つばめ」 EF5857+一般客車 1960.5 東海道本線 山科～京都 撮影：高橋正雄

東京駅を9時に発車した「つばめ」は、陽が西に傾いた16時前に山科を通過して京都・大阪へ急ぐ。

4レ「はと」 EF5870+一般客車 *1960.4* 東海道本線 京都〜山科 撮影：高橋正雄

午前中に大阪駅を発車する上り「つばめ」に対して、昼過ぎの12：30に大阪駅を発車する上り「はと」が山科を通過する。将来の複々線化を見込んで、線間が開いた広い築堤は撮影に好都合であった。線間で撮影してもお咎めがなかったことに時代を感じる。牽引するEF58は、後年になって東北本線を疾走していた70号機だった。宮原機関区に配置された僅かな期間、特急列車を牽引した貴重な記録である。

3レ「はと」 EF5841+一般客車 *1959.8.10* 東海道本線 新橋〜品川（浜松町）

東海道新幹線建設前の浜松町駅を横目に走り去る下り「はと」。ホームに居合わせた乗客は緑色の特急列車を畏敬のまなざしで見ていた。

2レ「つばめ」 EF5858+一般客車
*1960.5.31　東海道本線　大阪駅　撮影：高橋正雄*

翌日からの151系電車化を控えて、最後の客車編
成の上り「つばめ」を牽引して宮原操車場から
大阪駅へ入線するEF5858号機。
　現在は許されないが、ホームから降りて撮影が
できた良き時代だった。

2レ「つばめ」　EF5886+一般客車　*1958.6*　東海道本線　東京駅

梅雨空の夕刻、東京駅に到着した上り「つばめ」は、しばらくしてから方向転換のため大崎の三角線へと向って発車して行った。

## 東海道・山陽本線　20系ブルートレイン牽引時代

　「つばめ」・「はと」の151系電車化後、EF58は夜行列車牽引に活路を見出した。当時、東海道・山陽本線には数多くの夜行列車が運転されており、一部をEF61が牽引したものの、EF58の独壇場だった。昼行の客車列車牽引が減少しても活躍の場が持てたのは、長距離の客車列車が華やかだった時代の要請によるものだ。

6レ「はやぶさ」　EF5123+20系　*1963.9.5*　東海道本線　小田原駅　撮影：篠崎隆一

小田原駅を通過する20系上り「はやぶさ」の停車駅は静岡駅を出ると横浜駅であり、小田原駅の通過は9時前のことと推測する。当時の面影を色濃く残す小田原駅だが、右側に写る貨車群につい眼が行ってしまう。

4レ「あさすぜ」 EF5814+20系 *1959.8* 東海道本線 東京駅 撮影：岩沙克次

EF5814号機が牽引して東京駅に到着する上り「あさかぜ」。当時は20系とのジャンパー栓（車掌への連絡とカニ22緊急時パンタグラフ降下指令）を装備したEF58が東京機関区と宮原機関区にそれぞれ20両配置されていた。これらのEF58はブルトレ塗装となり、判別を容易にしていた。20系客車はブルトレ塗装のEF58牽引が所定とされていたが、写真の14号機のように通常のEF58牽引もしばしばあったようだ。

1レ「さくら」　EF58123+20系　*1963.8.4*　東海道本線　戸塚〜大船　撮影：篠崎隆一

東京駅を16：35に発車した下り1レ「さくら」が、大船の大カーブを疾走する姿。20系へ給電するカニ22はディーゼルエンジン（DG）と発電機（MG）を搭載して、直流電化区間はパンタグラフ集電でMGから給電していた。下り列車ではカニ22が20系の先頭になり、EF58と合わせて4つのパンタグラフが連なる光景は、第一次EF58ブルトレ時代を象徴するものだった。

2レ「さくら」 EF58139+20系 *1962.7.16* 東海道本線 名古屋駅 撮影：篠崎隆一

上り2レ「さくら」は6時過ぎに名古屋駅に到着する。わずかな停車時間に機関士・機関助士の交代が行われるとともに、運転を引き継ぐ機関士は静岡駅までのロングランに備え、助士と手分けして床下点検をする。停車時間を使って足回りを点検するのは、蒸気機関車時代から継承されたものだ。電車化にともなう高速化やメンテナンスフリー化で、こうした光景を目にすることはなくなった。

2レ「さくら」 EF58149＋20系　*1963.12.7*　東海道本線　大船〜戸塚

1960年代の東海道本線は横浜を過ぎれば民家も少なく、工場進出も疎らで、田園風景を満喫できた。戸塚〜大船の通称「大船の大カーブ」は光線状態が良く、撮影には好都合だった。横須賀線の電車も東海道本線上を走るため、多種類の列車が頻繁に行き交う撮影地だった。上り「さくら」と横須賀線70系が離合する一瞬の記録。

## ブルートレイン牽引に復活したEF58

　国鉄は1972年3月のダイヤ改正で、貨物列車と寝台夜行列車とを同速度にする平行ダイヤを設定して、増大する貨物輸送の運転本数を増やす秘策に出た。ブルートレインの増発と高速化で、特急牽引をEF65P・EF65PFに譲ったEF58だったが、低速化された寝台特急の牽引が可能となり、余剰気味だったEF58に新たに活躍の場が与えられた。

4005レ「つるぎ」　EF5862+20系　*1975.2.9*　東海道本線　大阪駅

11レ「あかつき」　EF58116+20系
*1972.10.15　東海道本線*
西ノ宮(立花)〜尼崎(甲子園口)
撮影：谷口孝志

EF58のブルトレ牽引復活にあたって
は、20系客車の空気バネとサービスエ
アー（洗面所の水揚げ装置など）用に
機関車から元空気溜のエアーを供給す
るために、元空気溜引き通し改造が一
部のEF58に施行された。改造を受け
たEF58は連結器周りの端梁にエアー
ホースが増設され、特急牽引機にふさ
わしい風貌になった。この116号機に
はかつてのカニパン下げのジャンパー
栓も残っており異彩の存在だった。

46レ「彗星」（回送）　EF5862+24系　*1975.2.9*　東海道本線　高槻〜山崎

名所、山崎の大カーブを行く上り「彗星」回送。この日はEF58P型の62号機だったが、14系や24系牽引には元空気溜めの制約がなく、いろいろなEF58が牽引する姿が見られた。大窓・大形パンタ・純正ヘッドマークと、EF58ファンには堪らない光景だ。

4001レ「日本海」 EF5885+20系 *1975.2.7* 東海道本線 米原駅

「日本海」はEF81のイメージが強いが、湖西線開通前は東海道本線米原経由で米原〜大阪は米原機関区のEF58が牽引した。夜間走行のため、撮影には辛いコンデションで、米原駅の長時間露光撮影などに限られていた。当時は「発車前にホームに戻るから」と機関士に伝えると、ホーム下の撮影を快諾してもらえるおおらかな時代だった。

46レ「彗星」 EF58103 *1975.2* 山陽本線 下関駅 撮影：前田信弘

EF58の西の始発駅となる下関駅の夜は、次々と夜行列車が到着して機関車交換が行われる。夜行列車の到着を前に憧れの
EF58がヘッドマークを付けて待機する姿が見られた。EF58が輝いていた時代の象徴的な光景だった。

2004レ「いなば・紀伊」　EF5860＋14系　*1975.3.12*　　東海道本線　川崎（大森）〜品川（大井町）

1975年3月改正で、東京と紀伊勝浦を結ぶ「紀伊」が新設された。東京〜名古屋は、同改正で「出雲」の増発として東京〜米子に新設された「いなば」と併結運転された。運転区間が短く、EF58でも運転出来る速度が設定され、東海道本線東京口で久々にEF58牽引の定期特急が復活した。

1001レ「安芸」　EF5869＋20系　*1976.9.5*　　山陽本線　小野田〜厚狭　撮影：加地一雄

1975年3月改正では、新大阪〜下関に「安芸」が新設された。20系の寝台特急が退潮期を迎えたなか、「安芸」に20系が充当されたことに驚かされた。この小野田〜厚狭間は線路が南北に位置する格好の撮影地だったが、高規格道路の建設で惜しくも消滅した。

## EF58が「出雲」を牽引した！

1977年11月28日の夜、東海道本線の沿線に住んでいた友人から電話が掛かってきた。それは『今夜東京駅を出た2001レ「出雲」がEF5868号機で下った。順当にいけば11月30日の東京駅に到着する2002レ「出雲」はEF58牽引となる』との情報だった。友人の情報に感謝するとともに、11月30日朝の撮影行動を練ることにした。

この時期、東京機関区EF65Pの全検と要検が重なって2両が使えない状況だった。もう1両を予備機として温存していたのだが、その1両も故障してしまったのだ。

東京機関区では、この様なケースのシミュレーションを行っていた。それは、セノハチを越えない上り列車で、さらに運転区間が短い運用にEF58を充当することだった。消去法で東京〜京都間の「出雲」を牽引して往復するA9運用にEF58が充当されることになった。

晩秋の11月下旬は、日の出が一番遅い時期である。本来なら東海道本線らしい根府川・白糸川橋梁などの撮影をイメージするが、東京駅7：00着の列車を根府川では照度不足で撮影できない。東京に近い地点で撮影するしかないと判断し、本番の2002レを田町駅で、そして東京から品川への回送2002レを新橋駅で撮影することにした。

こんなレアな列車、今ならば撮影者で大混乱になったことは想像に難くない。当日の駅頭には撮影者の数も少なく、極めて静かな代走列車の撮影だった。

回2002レ　EF5868+24系　*1977.11.30*
東海道本線・新橋駅

2002レ「出雲」EF5868+24系　*1977.11.30*　東海道本線　品川（田町駅）〜新橋

## 「踊り子」EF58の伊東線と伊豆急行乗入れ

　時は1980年代、世の中はバブル真っ盛りで、社員慰安旅行で頻繁に行楽地に出掛ける時代であった。週末の「踊り子」は満席で、国鉄には苦情と共に増発の要望が寄せられていた。そこで眼を付けたのが、たまに団体列車や夜行列車に使うかくらいしかなかった14系客車だった。この14系を週末だけでも伊東線に乗入れれば、混雑は間違いなく緩和される。しかしながら、伊東線への機関車乗入れは廃止されて久しい。試験的に1982年12月31日の一日だけ、東京駅14時発9023レ「踊り子53号」を運転した。

　この運転は成功をおさめ、東京駅を14時台に発車するEF58牽引の「踊り子」は定期列車化され、17年ぶりに復活したヘッドマークをつけたEF58の特急に歓喜した。

9025レ「踊り子53号」　EF5888＋14系　*1983.7.23*　東海道本線 大磯～二宮

9023レ「踊り子55号」 EF5861+14系 *1983.7.2* 東海道本線 品川〜川崎（大井町）

客車の「踊り子」は好評で、土曜日に加えて日曜日にも運転され、EF5861号機が頻繁に充当された。

回9523レ　EF5861+14系　*1983.7.12*　伊豆急行　富戸～城ヶ崎海岸

伊東線へEF58牽引の「踊り子」が初めて運転された7か月後には伊豆急行への試運転が開始された。伊豆急行の乗務員は
自社の中型電気機関車（ED2511号機）しか運転経験がなく、伊豆急行乗務員が東京機関区へ出張して訓練が行われ、1983年6
月30日から伊豆急行内の試運転が施行されている。
伊豆急行にEF58が走るなど、列車が眼前を通過するまで信じられなかった。

回5023レ　EF5861+14系　*1983.7.12*　伊豆急行　伊豆急高原〜伊豆大川

伊豆急行内の試運転は２日間で３往復の行程が５回施行された。滞泊は伊東駅でなく伊豆高原駅であったが、私鉄乗入れ実績は皆無だったEF58なので、国鉄以外の駅（構内）で滞泊するのは異例の出来事であった。

EF5861+14系　*1983.7.12*　伊東線 伊東駅

客車列車運転当初は、伊豆急下田駅での機回し用の分岐器設置が間に合わず、ED2511号機で入換を行っている。試運転では機回しの訓練も併せて行われた。横に並ぶ伊豆急行の100系電車も懐かしい。

9024レ「サロン踊り子」 EF5861+サロンエクスプレス東京　*1984.8.9*　伊豆急行 城ケ崎海岸〜富戸　撮影：渡邉健志

1984年にデビューした「サロンエクスプレス東京」を週末に伊豆急下田駅まで乗入れることが実現した。夏の西陽に輝く
EF58＋サロン東京が伊豆急行の撮影名所を行く光景が展開した。伊豆急行乗入れは、JRに移行した1987年の夏季輸送まで約
３年間続いた。

9001レお召列車（原宿1325～伊豆急下田16：32）　　EF5861+1号編成　*1985.3.12*　伊豆急行　南伊東～川奈　撮影：渡辺雅敏

EF58の伊豆急行乗入れが始まって2年弱、伊豆にとって機関車運転の集大成ともいえるEF58牽引によるお召列車が運転された。天皇陛下が須崎御用邸行きに使用するクロ157が検査入場しているため、電車編成のお召列車が用意出来ず、1号編成で須崎御用邸へ向かわれることになったからだ。運転当日は天候に恵まれず、さらに非公式運転のため日章旗の掲揚はなかったが、沿線には多くの撮影者の姿があった。

## 最後の一般客車特急「お座敷踊り子」

　伊豆急行へEF58が乗入れた年の夏、「サロンエクスプレス東京」は改造途上の6両編成で、多客臨には充当できなかった。バブル絶頂期を迎えた当時の「踊り子」はグリーン車から満席になるご時世で、国鉄は夏の多客臨に収益性の高い優等車両を走らせたかった。そこで抜擢されたのが、品川客車区のスロ81系お座敷客車だった。ファンから「シナ座」と呼ばれたお座敷客車を臨時「踊り子」に充当する計画が立てられた。

　1983年夏の多客期に限って、一般客車のスロ81系による臨時特急「お座敷踊り子」が東京〜伊豆急下田に運転され、乗客から好評を博した。これが一般客車を使用した最後の特急となった。

9021レ「お座敷踊り子」　EF5861+スロ81系　1983.8.13　伊豆急行　富戸駅　撮影:渡邉健志

伊豆急行の駅は原則左側通行ながらも、山間にある富戸駅の通過線は本来の上り線である右側にあり、撮影には好都合であった。

## EF5861 お召列車の記憶 Ⅱ

　今のように誰もがカメラを持ち、撮影出来る環境ではなかった当時でも、お召列車が運転されるとなると、沿線には多数の撮影者が参集した。列車を待つ間の独特の緊張感はお召列車ならではで、さらに通過時刻が近づくと警備の警察官とのやり取りも毎回対応が異なり、土地柄が出る面白味があった。

第26回滋賀県植樹祭お召列車（米原14：46 〜大津15：37）　EF5861＋1号編成　*1975.5.24*　東海道本線　草津〜石山

第26回滋賀県植樹祭お召列車（名古屋11：19～近江長岡12：24）　EF5861+1号編成　*1975.5.24*　東海道本線　新垂井～関ケ原

昭和天皇の行幸が鉄道中心だったのは、沿線の道路が未整備だった要因が大きかった。このお召列車は名古屋から近江長岡まで65分と短区間のご乗車だった。当日はこのお召列車以外にも、99ページ掲載の米原〜大津のお召列車も運転されたが、これも短時間で51分のご乗車だった。

第35回栃木国体お召列車（原宿9：52〜宇都宮11：40）　EF5861+1号編成　*1980.10.11*　東北本線　栗橋〜古河

1970年代のお召列車は、東海道・山陽新幹線以外は在来線しか移動手段のない時代であり、昭和時代のお召列車は主に原宿宮廷ホームから発着していた。写真の古河付近の撮影地は宅地化が進む地域だが、奇跡的に撮影適地として残っていたのがありがたかった。

第25回岩手植樹祭お召列車（原宿8：45～滝沢16：30）　EF5861＋1号編成　*1974.5.18*　山手貨物線　池袋（大塚）～赤羽

天皇陛下の行幸手段として飛行機も使われ始めていたにもかかわらず、このお召列車は原宿発東北本線滝沢行きで、おおよそ500kmを走る長距離運行は非常に珍しかった。黒磯までEF5861号機が牽引し、交流区間をED75120号機にバトンタッチしたと記録に残っている。在来線で500キロを超えるお召列車の長距離運行の最後となった。

## 東海道本線　急行列車牽引のEF58

　40数年前、夜が更けた東京駅ホームは、次々と発車する夜行列車の乗客とその見送り客で賑わった。鉄道が主役だった時代とラップして、そこにはEF58の姿があった。冬季になれば、客車暖房のためSGを噴き上げる姿がいかにもEF58らしかった。

103レ「銀河」　EF5875+一般客車　*1976.2.19*　東海道本線　東京駅

103レ「銀河」 EF5848+一般客車 *1976.2.20* 東海道本線 東京駅第6ホーム

東京駅に限らず、国鉄時代は優等列車が発車する時間帯はホームのキヨスクも営業していた。乗客も頻繁にキヨスクに足を運び、買い物をしていた。現代なら駅到着前にコンビニで必要なものを買い求めるが、当時は東京駅前であっても、22時を過ぎれば店舗の殆どが閉店してしまい、キヨスクの利便性は大きかった。

104レ「銀河」 EF58142+一般客車 *1975.3.11* 東海道本線 川崎（大森）〜品川（大井町）

スハ44と10系寝台混合編成の「銀河」は魅力的な列車だった。それを宮原のEF58が牽引するのだから、毎日でも撮影したい贅沢な被写体だった。

103レ「銀河」 EF5848+一般客車 *1976.2.20* 東海道本線 東京駅第6ホーム

「銀河」牽引に充当される宮原機関区のEF58の全検・要検は、主に鷹取工場が担当していた。同工場で更新改造を施工されると、正面窓は白Hゴム化されている。他工場の黒Hゴム化に対して、白いHゴムは非常に目立つので評判が悪かった。普段なら白Hゴム機にはカメラを向けなかったが、この夜は「銀河」の一般客車最終日だったので、気合を入れて撮影している。

104レ「銀河」 EF58145+一般客車 *1976.3.20* 東海道本線 新橋（有楽町）～東京

大阪から一晩かけ走り続けてきた104レ「銀河」は、間もなく終着駅の東京駅に到着する。今なら2時間30分で移動できる大阪～東京を一晩かけて移動するのは、時間を価値として楽しむ現代の尺度ではかれば、幸せな時間の部類に入るのだろう。

103レ「銀河」 EF58100+一般客車　*1975.2.9*　東海道本線　京都(山崎)〜高槻

晴れると順光になる区間が殆どなかった下り「銀河」の撮影回数は決して多くはない。光線状態が良好で本数も稼げる九州など西からやってくる寝台特急に眼がいってしまうことも大きな理由だった。牽引するEF58はジャストナンバーの100号機で、当時から人気があった。

1102レ「高千穂・桜島」 EF58158＋一般客車 *1974.7.27* 東海道本線 川崎（大森）～品川（大井町）

EF65が増備されると、白熱灯のEF58前灯をシールドビーム化して欲しいという要望が上がってきた。そこで浜松機関区の
EF584号機をシールドビーム２灯改造、EF58158号機をシールドビーム１灯改造が試行された。158号機は外観も考慮した改
造だったのが特筆される。現場では好評で、特に２灯化改造の要望が多かったが、紀勢本線へのEF58投入までお預けとなる。
写真はシールドビーム１灯化改造された158号機が牽引する1102レ「高千穂・桜島」。

1102レ「高千穂・桜島」　EF5852＋一般客車
*1975.2.8　東海道本線　柏原〜関ケ原*

日本最長急行であった「高千穂・桜島」も廃
止直前になると「高千穂」にグリーン車の連
結も無くなり、凋落感は避けられなかった。
この列車の最終は1975年3月8日に東京駅を
発車した下り列車であった。

7112レ「くまもと・高千穂51号」 EF5814+一般客車 *1975.1.4* 東海道本線 稲沢〜清州 撮影：松井 崇

昔から中京地区から九州への移動は利便性が悪かった。1970年代でも名古屋発着は寝台特急「金星」と急行「阿蘇」のみだった。それ以外は深夜に東京発の夜行列車に名古屋から乗車するか、大阪に移動してから関西発の夜行列車に乗るしか方法が無かった。繁忙期には名古屋発着の九州方面への臨時列車が運転されており、牽引するEF5814号機は広島機関区配置だか、2か月後にはEF56・EF57の置き替え用として宇都宮運転所に転属している。

212レ「雲仙2号」EF5822+一般客車　*1975.2.9*　東海道本線　高槻～山崎（京都）

九州からやって来る列車はどれも長編成だが、この212レ「雲仙2号」は単独運転の比較的編成が短い10両編成で、山崎の大カーブでは撮りやすかった。1か月後の3月のダイヤ改正で「西海」と併結列車となり、14系化されることになる。

802レ「ちくま」EF58111+12系+14系寝台車　*1983.10.26*　東海道本線　京都（神足）～山崎（高槻）

関西と長野を夜行で結んでいた「ちくま」には寝台車も連結されていた。寝台車を14系化した際に、座席車は何故か12系が充当されていた。すでに関西対九州の夜行急行で14系座席車の運転実績があるのに、なぜ「ちくま」が12系だったのか、疑問に思った記憶がある。牽引するのはEF58111号機でワイパーカバーやヘッドマーク座のボルト取付けなど、米原のEF58らしい1両であった。

104レ「銀河」 EF5897号機+20系 *1976.12.5* 東海道本線 三島〜函南

1976年2月20日に東京駅発の101レ「銀河」は一般客車での運行を終了し、翌21日、東京駅着の102レ「銀河」から20系客車となった。一般客車での「銀河」が撮影出来なくなるのは寂しかったが、20系が「銀河」に充当され、EF58と組んで運転されることは心躍る朗報でもあった。

104レ「銀河」 EF58150+20系　*1980.2.7*　東海道本線　平塚～茅ヶ崎

EF58+20系の組合せは、その美しさでファンを魅了した。牽引するEF58150号機はEF58としては最終増備車に区分される完成度の高いものだった。この150号機と同じ増備グループには、新製当初から正面窓がHゴム化されたEF58169号機～172号機も含まれている。

104レ「銀河」 EF5847+20系 *1977.3.26* 東海道本線 横浜（東神奈川）〜川崎（新子安）

EF58牽引の「銀河」を語る時、宮原機関区に在籍していたEF5843・47・53号機の存在が忘れられない。この3両は全て大窓仕様で、53号機のみがつらら切りを持たず、他の2両は当初上越線で使用された経緯から、つらら切りが装備されていた。大窓のEF58が「銀河」を牽引してくる日、東海道沿線は同好の撮影者で賑わった。

## EF58のステップ

　EF58のステップはスノープラウ取付座にボルト固定しているものと、台車枠に固定されているこの2種に大別され、目立たない装備でありながら気になる存在だった。ステップは握り棒と共に新製当初には未設置だった。そのため誘導係がどのように誘導したかの疑問が残る。EF58のキャブに添乗したのでは、分岐器の転換作業のために降車しなければならず、ステップの無い機関車では添乗は不可能だ。

　誘導係は地上から機関車に沿って走り、分岐器の転換をしながら旗や合図灯で誘導したのであろうか、と推察される。これではあまりにも不便なので、ステップ設置の要望が上がり、ほどなくしてEF58全機にステップと握り棒が設置されている。

最初の試験塗装機となったEF584
号機　1955　東京機関区
所蔵：田谷惠一

車体振替直後のEF58にはステップや握り棒もなく、添乗は不可能だったと推察される。

EF5853　1977.7.3　品川駅

EF5853号機のステップはスノープラウ取付座にボルト固定されていた。これだとスノープラウを装着できなくなるので、台車枠にボルト固定しているタイプもあった。

## 東海道・山陽本線　荷物列車牽引のEF58

　荷物列車の先頭に立つEF58は、その全盛期を熟知している先輩諸賢にとって、余生を送っているかのように映ったかもしれない。しかしながら、EF58の荷物列車牽引は最後の檜舞台だったことも事実である。

荷31レ　EF5860　*1976.9.26*　東海道本線　品川〜川崎（大井町）

お召機EF5860号機が荷31レを牽引して大井町駅横を通過する一齣。EF5861号機は常に磨き上げられていたが、60号機は他のEF58と同じ扱いで運用され、いぶし銀のような雰囲気があり、EF58撮影の魅力でもあった。

荷32レ　EF5847　*1978.3.26*　東海道本線　平塚〜茅ヶ崎

ブルートレインや「銀河」の合間にやって来る荷32レは好時間帯に走り、人気のある荷物列車だった。脇役的存在であったが、大窓のEF58が牽いてくると主役に早変わりした。この日の荷32レはつらら切りもある憧れの47号機だった。

荷32レ　EF58138　*1977.6.5*　東海道本線　横浜駅

鉄道による荷物輸送が消滅して久しいが、主要駅で10数分程停車して荷物を積み下ろしていたことは、驚愕に値する。横浜駅でも堂々と本線に停車して積み下ろしをしていた。このEF58138号機は機械室のフィルターが鎧戸改造されておらず、原形をとどめているEF58として人気があった。

荷31レ　EF585　*1975.10.26*　東海道本線　根府川〜真鶴

秋の心地よい微風を受けて、軽やかに白糸川橋梁を渡る荷31レ。いかにも温暖な湘南海岸の光景である。後年、白糸川橋梁に防風フェンスが設置されることなど、夢想すらできなかった時代の撮影だった。

荷34レ　EF5819　*1977.3.21*　山陽本線　瀬野～八本松

晩年の荷物列車は、パレット客車と称する客車でありながら見た目は貨車の様な荷物車が連結されるようになり、編成の魅力が半減した。国鉄時代は上下線間が大きく開いている場所からの撮影は黙認されており、今思えば良き時代であった。

## EF58が重連牽引した荷35列車

　EF58現役末期のエポックメイキングとして、荷35レの重連牽引があげられる。その運転区間は汐留〜名古屋で、夏季には根府川〜真鶴の白糸川橋梁でも充分な露出が得られた。

　元来、荷35レは荷2935レとして隅田川駅から品川駅まで運転され、汐留から下ってきた荷35レを品川駅で併結する運転だった。これにより15両編成の重量列車となり、EF58単機牽引では加速時に不安があったことなどから重連牽引が実現した。

荷35レ　EF5843+EF58　*1978.9.25*　東海道貨物線　汐留〜品川

汐留駅発の荷35レが、現在は休止されている単線の貨物線を走り品川駅に向かう。

荷35レ　EF58126+EF58　*1975.3.23*　東海道本線　品川～川崎（大井町）

荷35レ設定当初は、写真のように本務機のEF58が片側のパンタグラフのみを上昇していたことが散見された。その理由が判らず現場の方に伺うと、単純に周知不足だったことが判明。特にSG用ボイラーを稼働させる期間で片パン上昇だと、パンタグラフのスリ板を溶かす可能性があり、両パンタ上昇を指導文書で通達したようだ。以後は４つのパンタグラフが上がっている姿が日常化した。

荷2935レ　EF1536　*1975.3.23*　東北本線　上野（秋葉原）～東京（神田）

隅田川発の荷2935レは、東京機関区配置の貨物用EF15が唯一客車を牽引する定期運用だった。冬季の暖房にどう対処していたかの疑問があったが、前運用の余熱があり車内は寒くなかった、と聞いたことがある。

荷35レ　EF58142+EF58
*1976.5.15　東海道本線　早川〜根府川*

東海道本線の撮影地として著名な
石橋橋梁を行く荷35レ。先頭の
EF58142号機は宮原機関区を象徴す
るEF58であり、1984年2月から2か
月の間、下関運転所に荷物列車牽引
用のEF58を集結配置させた中の1両
に加わっている。

## 紀勢本線・呉線のEF58

　大型蒸気機関車の最後の砦であった呉線が1970年10月に電化され、EF58とEF15の天下となった。いっぽう、1978年10月には紀勢本線の新宮電化が開業し、EF58の新たな活躍線区となった。

121レ　EF5842+一般客車　*1979.8.30*　紀勢線　下里〜紀伊浦神

　紀勢本線のEF58は従来の幹線系とは異るカーブや踏切が多い路線で、夜間運転の照度確保のために、前灯のシールドビーム化改造が促進された。また元空気溜引き通し改造をしたEF58が優先的に投入されたので、未改造のEF58に対しても同様の改造が施工された。この改造は後年になって12系客車化された際に真価を発揮した。空気バネのエアーを制動管から供給する12系客車は、急カーブが多く点在する白浜以南では空気バネのエアー供給量が増大し、ブレーキ操作にも影響を及ぼすことから、元空気溜引き通し改造により、エアー供給への懸念が払拭されている。

921レ「はやたま」 EF58139＋一般客車 *1983.12.30* 紀勢線 新宮駅 撮影：前田信弘

新宮駅で寝台車1両を連結して名古屋発921レの到着列車を待つEF58139号機。蒸気溜を持たない電気機関車の暖房用ボイラーは、不要な蒸気は空に向けて放出していた。紀勢本線に限らず、寝台車連結列車の機関士は、起動・制動時の衝撃には細心の注意を払っていた。

122レ　EF58139+一般客車　*1982.3.18*　紀勢線　切目～岩代

　紀勢本線新宮電化では、余剰が生じていた宮原機関区のEF58が竜華機関区へ転属した。写真の139号機もその1両であり、竜華機関区転入時点では元空気溜引き通し改造は施工されず、2年後の1981年に改造されている。

荷39レ　EF58125　*1975.2.11*　呉線　須波～安芸幸崎

電化当初の呉線は山陽本線からの直通列車が多く、荷物列車を牽引するEF58の姿も見られた。呉線の沿線は風光明媚な区間
が多く、EF58の撮影地としてもっと注目されて良かったと思う。

635レ　EF5821+一般客車　*1975.2.10*　呉線　広駅

温暖な瀬戸内地方でも冬の寒さは厳しく、発車前の予熱で蒸気を給気された客車から蒸気が漏れるフォトジェニックな光景
となった。この21号機はEF58にとって最初に完成した記念すべき機関車だった。しかしながら、退役も極めて早く1978年3
月に竜華機関区で28号機とともに、その嚆矢として廃車されている。

## 貨物列車を牽引したEF58

　長期にわたり活躍したEF58は、貨物列車を牽引したこともあった。阪和線の竜華〜和歌山などは、客貨兼用として竜華機関区に配置されたEF58がEF15やED60と共に貨物列車の先頭に立っていた。いっぽう、東海道・山陽本線では旅客用として配置されていたEF58が貨物列車に充当され、その目撃情報が鉄道雑誌で報じられた。

　呉線電化では、旅客用はEF58、貨物用はEF15という区別はあったものの、EF15の運用にEF58が充当されることが頻繁にあったようだ。

663レ　EF58119　*1975.2.10*　呉線　広〜安芸阿賀

呉線で貨物列車を牽引するEF58119号機。広島機関区配置の119号機はEF15の代機として貨物列車を牽引したと推察される。

EF5825　*1965.1.31*　東海道本線　袋井駅

下り貨物列車を牽引して袋井駅を通過するEF5825号機。浜松機関区配置の25号機は同区のEF18の代機として貨物列車の仕業についていた。右側には静岡鉄道駿遠線の客車が写っている。

1960レ　EF5819　*1975.2.10*　呉線　仁方～安芸川尻

温暖な瀬戸内の山間を走るEF5819号機牽引の上り貨物列車。呉線では定数いっぱいになる貨物列車はなく、機関士からはEF15に比べて乗り心地の良いEF58の方が好まれたようだ。

## 東北本線のEF58

　東北新幹線開業前の東北本線には、多くの客車夜行急行が設定されていた。繁忙期になると臨時列車も増発されて、多くの帰省客を輸送した。その先頭にはEF57に伍してEF58の姿も見られた。

　最晩年を迎えるとEF65PFと共に寝台特急を牽引するようになり、東北本線は忘れられないEF58の活躍線区のひとつとなった。

31レ「北星」　EF5885+20系　1975.3.9　東北本線　上野駅

1975年3月ダイヤ改正で東北本線に久々のEF58牽引寝台夜行列車が新設された。それは山陽本線で余剰となった20系客車を転用して、上野〜盛岡で運転される「北星」だった。約500キロの運行距離は寝台特急として短距離で、速達性は求められなかったためEF58の牽引が可能となった。山陽本線で余剰となったEF58が宇都宮運転所へ転属になり、運行に充当されている。

上り臨時急行　EF58109+一般客車　*1975.1.4*　東北本線　野崎〜矢板

この時代の多客輸送は活気に溢れていた。故郷で正月を迎えた帰省客が席を埋める臨時急行列車が一路上野へ急ぐ一齣だ。EF58109号機は東京機関区配置が長かったが、宇都宮運転所には度々貸出されていた。その後正式に同所に転属となり、1971年にEG改造され、晩年は東北本線の顔的な存在になっていた。

上り臨時急行　EF58148+一般客車　*1975.1.5*　東北本線　片岡～蒲須坂

エキゾーストを上げて快走する東京機関区配置のEF58148号機。後年になって、定期列車のEG化がなされると、年末年始の多客臨では東京機関区から借入したSGのEF58は極力12系・14系の列車に充当されていた。

102レ「八甲田」 EF58152+一般客車 *1974.8.10* 東北本線 久喜～白岡

北関東は冬の寒さに閉口したが、夏の暑さも耐えがたかった。炎天下の線路際で長時間列車を待ち続けたのは懐かしい思い出だ。

荷48レ　EF5873+一般客車　*1976.11.13*　東北本線　片岡～蒲須坂

東北本線には長距離普通列車が3往復設定されて、直流区間はEF58が牽引していた。写真は荷48レであるが旧124レであり、客扱いをやめてから列車番号を変更している。牽引する73号機は東京機関区時代にはお召予備機として指定されていた。同機には61号機や60号機同様、乗務員名札差があり予備機であることを誇示していた。

121レ　EF58165+一般客車　*1969.8.13*　東北本線　蒲須坂～片岡

EF58165号機が下り普通列車を牽引する。当時165号機は浜松機関区配置であり、夏の最繁忙期に宇都宮運転所に貸出された珍しい一齣である。

123レ　EF5889+一般客車　*1975.8.3*　東北本線　片岡駅

この時点では注目されるEF58ではなかった89号機。後年になって、保存されるほどの人気機関車となるとは、誰も予想できなかった。同機が上野発一ノ関行123レを牽引して片岡駅を発車するシーンを捉えている。

122レ　EF5858＋一般客車　*1978.9.10*　東北本線　浦和（西川口）～赤羽（川口）

昭和以前の時代はマンションやオフィスビルなどのセキュリティも緩やかで、住民や管理人に許可をもらえば容易に建物に立ち入っての撮影が可能だった。佳き時代に俯瞰したEF58の一齣だ。

荷41レ　EF58153+EF567　*1975.1.5*　東北本線　蒲須坂～片岡

荷41レはEF56最後の定期運用だった。この日は機関車回送のために前位にEF58153号機が連結された。通常、機関車回送は本務次位に連結されることが多いが、荷41レはSG指定列車であるために、EGのEF58153号機を前に連結したと推測される。

荷48レ　EF5864　*1969.8.13*　東北本線　蒲須坂〜氏家

真夏の北関東を走る広島機関区から貸出のEF5864号機。夏季の多客輸送はピークを迎え、一部夜行列車は品川駅で特発し、さらに上野駅にはテント村を設けて対応した。臨時列車大増発のため、近隣の東京機関区や浜松機関区からの貸出しだけでは足りず、遠く広島機関区からもEF58を呼び寄せて多客輸送を乗り越えていた。

## 高崎・上越・信越本線のEF58

　上越線・高崎線とEF58とのかかわりは古く、デッキ付きの旧型EF58が1948年に長岡第二機関区へ、翌1949年には高崎第二機関区に配置されている。その後中断はあったものの、流線形の新EF58になっても同線で使用された。長い使用実績と雪国を走る特殊性から、上越線で使い勝手の良い改造が施工され、つらら切り・正面Hゴム化・デフロスタ・汽笛カバー・固定スノープラウなどの上越型と呼ばれる装備は、EF58を雪国に相応しいスタイルに仕上げた。

8702レ　EF58132+12系　*1974.11.23*　上越線　石打駅

3001レ「北陸」 EF58120+14系 *1979.8.19* 上越線 水上駅

EF58が夜行列車を牽引していた時代、水上駅は不夜城だった。下りの夜行列車の発車が終わったと思うと、ほどなくして上りの夜行列車の到着時刻になり。駅と水上機関区はフルタイムで活気に溢れていた。

8702レ　EF1621+EF58+12系　*1977.1.15*　上越線　湯檜曽～水上

EF58が運転された時代、水上～石打間では12系クラスで9両以上の列車に
はEF16の前補機が連結された。豪雪が予想される日には、これより少ない
両数でも補機が連結されたケースもあった。

1323レ　EF58104＋一般客車　*1979.8.20*　信越本線　青海川～鯨波

信越本線のEF58は直江津〜新潟が稼働区間だった。意外なことに、羽越本線でも新潟〜村上で普通列車を牽引している。日本海側のEF58は目立たぬ地味な存在で、鯨波などの日本海を背景に撮影可能な地点があったにも関わらず、人気も出ずに終焉を迎えている。

8702レ　EF5890+12系　*1975.8.10*　高崎線　高崎〜倉賀野

EF58活躍当時の高崎線は、宮原駅を過ぎると田園風景が展開して撮影地には事欠かなかった。そのうえEF58は晩年まで定期普通列車が設定されており、馴染み深かった。高崎付近には往時の木柱の残る区間もあって、撮影地選択のポイントになった。

2321レ　EF58173+一般客車　*1974.2.3*　東北本線　赤羽〜浦和（川口）

駅そのものが大きく変貌してしまった赤羽駅であるが、撮影時は京浜東北線のみが高架線で、それ以外は地平に線路が敷設されていた。赤羽駅地平ホームの青森方には板橋街道の大きな踏切があり、高崎線2321レを牽くEF58173の長いサイドビューをカメラが捉えた。

## 団体臨時列車牽引　アラカルト

　EF58が最後に輝いた時代は、団体専用臨時列車(団臨)の牽引に活躍したことを忘れてはならない。

　すでに第一線を退いてはいたが、残された日々を多種多様な波動輸送用の客車を牽引して走るEF58は、ファンの絶好な被写体となった。

7111レ　EF5829+12系　*1978.3.25*　東海道本線　根府川～真鶴

撮影名所白糸川橋梁を渡るEF5829号機は、下関運転所の配置で、大窓・つらら切り・鋳鋼製先台車と、三拍子そろった仕様に人気が高かった。

6344レ　EF58148+12系　*1974.12.15*　東海道本線　湯河原〜真鶴

団臨は定期列車が走らない時間帯に走るので、良好な光線状態を狙えるのが大きな魅力だった。12系を牽引する東京機関区のEF58148号機。正面の突起部から左右のライティングが異なり、その精悍さが増大された。

7111レ　EF5818＋一般客車　*1976.3.21*　東海道本線　早川～根府川

　波動輸送用として鳥栖客貨車区に配置された10系寝台車が団臨に充当されていた。必要両数が足りない場合は、宮原客車区や尾久客車区から予備車をかき集めた。写真の列車は鳥栖客貨車区への返却回送と思われる。牽引するEF5818号機は竜華機関区で廃車となった21号機と28号機の次に廃車となったグループの１両だった。

8102レ　EF58111+スロ81系　*1980.1.6*　東海道本線　関ケ原〜垂井　撮影：松井　崇

正月を迎えた快晴日、EF58牽引のお座敷列車が古戦場・関ケ原の上り線を行く。米原機関区のEF58は、頻繁に中京地区から対北陸本線の団臨に充当された。

7112レ　EF5831+12系　*1976.12.29*　東海道線　清州〜枇杷島

関ケ原を越え、一路名古屋駅へ向かうEF5831号機。同機は下関運転所の配置で、大窓が人気のEF58だったが、1984年2月改正で廃車されている。

8101レ　EF586+12系　*1976.8.10*　東海道本線　関ケ原〜柏原　撮影：松井 崇

真夏の関ケ原を越えるEF586号機。EF58は大窓がもてはやされるが、原形小窓スタイルを好む方も少なくない。端正な同機を観察するとその意味を理解できよう。

8104レ　EF58150+スロ81系　*1978.2*　東海道本線　京都～山科　撮影：前田信弘

山科を行くEF58150号機が牽引するお座敷客車。その後150号機は茶色塗装を経て、大切に静態保存されている幸運な機関車だ。

下り臨時列車　EF58127+スロ81系　*1985.2.17*　山陽本線　須磨〜塩屋　撮影：谷口孝志

名勝須磨浦海岸は山陽本線の非電化時代から有名撮影地だった。複々線化された後も本線の醍醐味を充分に味わえた。

上り臨時列車　EF5844+12系　*1971.5.23*　山陽本線　姫路駅

待機する播但線のC57の横目に見て、EF5844号機が姫路駅を発車していった。現役蒸機とEF58との出合いは各所で見られた。
EF5844号機は1973年に正面窓がHゴム化されたので、大窓・つらら切り時代の姿は珍しい。

下り臨時列車　EF58127+スロ81系　*1985.2.13*　山陽本線　三石〜吉永　撮影：谷口孝志

山陽本線も上郡を過ぎると船坂峠へ勾配を上りはじめる。この区間は下り列車に対する最初の勾配区間だが、セノハチと異なり勾配は10パーミルに抑えられている。三石駅から大きくカーブして船坂峠へと向かう宮原客車区の81系お座敷客車。

上り臨時列車　EF5889+スロ81系　*1975.2.20*　日光線　日光〜今市

団臨華やかな時代、日光線には色々な種類の列車が頻繁に入線した。客車列車は宇都宮駅での機回しが必要のため入線頻度が低く、客車列車が運転される日は多くの撮影者が沿線に見受けられた。この日は茶色への塗装変更前のEF5889号機の牽引だった。

下り臨時列車　EF58121号機+14系　*1975.2.18*　両毛線　佐野〜岩舟

両毛線は高崎線沿線で集客した団体列車が東北本線へ抜ける短絡線として使われた。国鉄時代は機関区の受け持ち線区が決まっていて、両毛線は高崎機関区のEF58、東北本線は宇都宮運転所のEF58が担当しており、小山駅ではEF58の機関車交換が見られた。

## 成田臨

　JR会社設立後もEF58の活躍は細々ではあるが存続した。その中でも成田線に年始に運転されていた成田臨（成田山初詣団体臨時列車）は、国鉄時代には佐倉機関区のDD51やDE10が担当していた。分割民営後、同機関区が貨物会社になった経緯で旅客会社の電気機関車乗入れが開始され、EF58が成田線を走る姿が見られるようになった。

上り臨時列車　EF5889+14系　*1994.1.16*　成田線　下総松崎～安食

　成田臨は発地を朝に出て昼前に成田駅に到着。夕方に成田駅を発車して帰路につくダイヤ構成になっていたので、復路の列車では冬の淡い夕陽を浴びて輝くEF58の姿が魅力だった。動態保存的存在だったEF5889号機が「つばめ」を牽引した過去の栄光を誇示する様に走り抜けて行った。

下り臨時列車　EF5889+12系お座敷客車　*1994.1.17*　成田線　下総松崎～成田

電気機関車撮影者には全く注目されなかった成田線だが、EF58が走るようになると人気が高まり、多くの同好者と一緒に撮影することになった。撮影日には、はるばる長野からやって来たお座敷客車をEF5889号機が牽引した。

## EF58 形式写真館

　EF58は1952年から約7年間にわたり172両が製造された。61号機が2008年に東京総合車両センター(大井工場)預りになるまで50数年走り続けた。その間、東海道・山陽本線をはじめ、雪国の上越線や信越本線など多区線で活躍した。上越型と称される運転線区に適応する改造を施工されたEF58も存在したが、製造当初の美しいイメージを留めたEF58も活躍し、ファンの眼を楽しませてくれた。

　ここでは「EF58形式写真館」として、EF58の代表的な形態を紹介しよう。

EF58129　*1975.2.23*　東京機関区

1957年東洋電機・汽車製造製。山陽本線姫路電化および東北本線宇都宮電化用として3両が増備され、屈曲したワイパーが特徴である。新製配置は高崎第二機関区だったが、上越型改造を受けずに東京機関区に転属。原形小窓の美しい姿で、東海道本線の臨時団体列車を牽引する姿が印象的だった。EF62置き替えまでの2か月間、下関運転所に集結されたEF58の1両として有終の美を飾った。

EF5830　*1975.2.11*　山陽本線　瀬野駅

1948年日立製作所製。新製当初はデッキ付き旧車体で、1956年に新車体に載せ替えられた。(旧車体はEF137号機へ)　東海道・山陽本線で活躍後、下関運転所に配置され波動輸送用に使われ、鋳鋼製の先台車で人気を集めた。EF58の淘汰が始まると真っ先に対象となり、1979年に廃車されている。

EF5819　*1975.2.10*　山陽本線　海田市駅

1947年東芝車輛製。新製配置は東京機関区で特急「はと」を牽引する姿も記録されている。1954年に新車体に載せ替えられ、(旧車体はEF1321号機へ)下関運転所時代を経て1971年に広島機関区へ転出。以後は広島の地を離れることなく30号機と同時期の1979年に廃車された。

EF5821　*1975.2.11*　広島機関区

EF58の第一陣として1946年に川崎車輌・川崎重工で製造され、沼津機関区へ配置された。戦後混乱期に製造されたために、主回路の保護装置である高速度遮断器も未設置だった。車体載せ替え前の1949年に体質改善改造を施工され、1955年に新車体に載せ替えられた。(旧車体はEF133号機へ)東京機関区・浜松機関区・下関運転所を経て1975年に竜華機関区に転属したが、台車枠に致命的な傷が判明し、1978年に竜華機関区配置のEF5828号機と共にEF58では最初の廃車となった。

EF5861　*1979.5.24*　東京機関区

1953年日立製作所製。写真は愛知県で開催された第30回全国植樹祭のお召列車牽引用に整備された正装のEF5861号機。この植樹祭のお召列車では、回送ながらもEF5860号機が61号機とプッシュプルとなり1号編成を牽引し、1983年の廃車前に有終の美を飾っている。かつてのお召機整備では自連の磨きだしをしていたが、いつしかペイント塗装に省略されている。

EF5890　*1971.3.14*　田端運転所

1956年日立製作所製。新製配置は宮原機関区だった。東海道本線全線電化の増備車で、新製時からパンタグラフはPS15を装備している。1965年に高崎第二機関区へ転属し、上越型への改造が施工されたが、スノープラウは原形の可動式のままだった。転入時点で暖房はSGだった。EG化改造は1972年に受けており、スノープラウも固定式に改造された。1983年に高崎第二機関区で廃車。

EF58124　*1978.8.27*　東京機関区

1957年東芝電気製。新製配置は浜松機関区だったが、東京機関区に転属した。宇都宮運転所などに貸し出されたが、1984年に廃車されるまで生涯を東京機関区で過ごした。晩年は同じ東京機関区配置のEF5888号機共に、関ケ原雪害対策と称して可動式スノープラウを通年装着していた。

EF58120　*1975.8.10*　高崎第二機関区

1957年日立製作所製。新製配置は高崎第二機関区で、東京機関区や宇都宮運転所へ貸し出された以外は同区に配置され、上越国境の守護神として活躍した。1973年にEG化改造されている。上越型の典型的スタイルの機関車。1983年に高崎第二機関区で廃車されている。

## EF58になれなかったEF18

　EF58には、EF5832号機〜34号機が欠番となり、代わってEF1832号機〜34号機として誕生したことはあまりにも有名な話だ。原因は車両メーカーの見込み生産に起因している。当時の国鉄と車両メーカーとは良好な関係で、正式発注を受ける前に見込み生産した車両もあったようだが、稀にアクシデントでキャンセルが発生し、そのひとつがEF5832号機〜34号機が欠番となり、EF18として再生されたことだった。また新車体載せ替えでも、EF58の旧車体の振り替え先であるEF13が31両と同数であることも、EF18が晩年までEF58のデッキ付き姿でいられた大きな要因だ。

　3両のEF18は新製から廃車まで終始浜松機関区に配置されていたのは、当時の東海道本線の電化西端が浜松だった単純な理由だと思われる。静岡地区各駅の貨物扱い量は決して多くはなかったが、入換機を必要とするような貨物扱い量だった。また、側線まで電化されていたことがEF18にとって幸運をもたらし、同じ地域で活躍出来た原因だと思われる。

　EF18は3両配置の3両使用と、ハードな運用にも見えるが、検査時には同じ浜松機関区に在籍したEF60やEF58で代替使用が可能だった。

　佐久間ダム建設資材輸送で飯田線中部天竜峡まで入線した記録があり、これがEF15の不足のため福島第二機関区に貸出され、奥羽本線板谷峠を走った記録と共に珍しい本線運用例と思われる。

下り貨物列車　EF1832　*1963.4.21*　東海道本線　沼津駅

長大編成の下り貨物列車を牽引するEF1832号機。EF18が本線貨物を牽引している希少な一齣だ。同機は33号機と共に1951年〜1952年にかけて福島第二機関区へ貸出されているが、EF58を含めた最北の走行記録になる。

662レ　EF1832　*1975.5.23*　東海道本線　金谷〜島田

ダム建設資材輸送のため、金谷駅から大井川鉄道へ乗入れる貨物列車が設定され、一日2往復の定期運用にEF18が充当されていた。EF1832号機は尾灯がオリジナルの引掛け式で魅力があった。

662レ　EF1833　*1978.2.19*　東海道本線　金谷駅

金谷駅には中線から大井川鉄道へ転線できる分岐器があり、平日はEF18が構内を転線し、行楽シーズンの週末は静岡・浜松方面から113系が、この分岐器を使って大井川鉄道・千頭駅まで直通運転していた。EF18が島田駅に見えないときは、いつも金谷駅にその姿があった。

## エピローグ　EF58最後の活躍

　1984年2月のダイヤ改正で、東海道・山陽本線の荷物列車は老朽化の激しいEF58からEF62へ置き替えられた。EF62はダイヤ改正直前の1月末まで信越本線の列車を牽引し、改正直後に下関運転所に転属した。しかしながら、乗務員訓練などが完了するには約2か月を要するため、その間に各機関区の状態の良いEF58を下関機関区へ集結配置させ、東海道・山陽本線の荷物列車を暫定牽引することになった。短期間ながらも各機関区に分散されていたEF58が一堂に会して荷物列車を牽引する光景は、EF58ファンには嬉しい出来事だった。

　EF58からEF62への置き替えが予定通りに進み、1984年3月28日に汐留駅を発車した荷2031レを牽引するEF58146号機がEF58最後の荷物列車となった。

　同機は夜通し走り続け、翌29日朝に多くのカメラの待つ大阪駅に到着した。そして146号機に代わって、EF6232号機が荷2031レの先頭に連結された。

　その後も紀勢本線で僅かに残った定期運用もあったが、EF58本来の使用線区とはいい難く、JR移行後に残ったEF58も波動輸送用であり、本来のEF58の軌跡はこの日で終止符が打たれたといえよう。

荷2031レ　EF58146　*1984.3.29*　東海道本線　米原〜彦根　撮影：渡邉健志

EF58146号機は宮原機関区の中で、原形をよく保っている機関車として人気があった。美しい146号機がEF58の歴史に幕を引く役目を演じたのも、何か因縁深いものがある。

荷36レ　EF58111　*1984.3.1*　東海道本線　新所原駅　撮影：渡邉健志

荷36レを牽引して新所原駅を通過するEF58111号機。この111号機は廃車直前に下関運転所に転属した以外は、生涯米原機関区から離れることがなかった。ワイパーカバー設置とP型改造の典型的な米原機関区のEF58であった。

荷38レ　EF6218　*1984.8.30*　東海道貨物線　川崎貨物駅〜東京貨物ターミナル

EF58退役後、EF62が東海道・山陽本線で荷物列車を牽引するが、それも長くは続かず、1986年10月をもって全国鉄の荷物列車が廃止され、活躍は3年にも満たなかった。

【著者プロフィール】

## 諸河 久（もろかわ ひさし）

1947年東京都生まれ。日本大学経済学部、東京写真専門学院（現・東京ビジュアルアーツ）卒業。
鉄道雑誌「鉄道ファン」のスタッフを経て、フリーカメラマンに。
「諸河 久フォト・オフィス」を主宰。国内外の鉄道写真を雑誌、単行本に発表。
「鉄道ファン／ CANON鉄道写真コンクール」「2021年 小田急ロマンスカーカレンダー」などの審査員を歴任。
公益社団法人・日本写真家協会会員 桜門鉄遊会代表幹事
著書に「オリエント・エクスプレス」（保育社）、「都電の消えた街」（大正出版）、「総天然色のタイムマシーン」（ネコ・パブリッシング）、
「モノクロームの国鉄蒸機 形式写真館」・「モノクロームの私鉄電気機関車（共著）」（イカロス出版）、「モノクロームの私鉄原風景」
（交通新聞社）など多数がある。2021年9月にフォト・パブリッシングから『国鉄旅客列車の記録「電車・気動車編」（共著）』を上
梓している。

【ページ構成・写真レイアウト・モノクローム作品デジタルデータ作成】
諸河 久

【作品提供】
高橋正雄、岩沙克次、篠崎隆一、大浦浩一、谷口孝志、加地一雄、前田信弘、松井 崇、渡辺雅敏、田谷惠一、渡邉健志（順不同）

【巻末特別折込作画】
小野直宣

【編集協力】
田谷惠一、高間恒雄、寺本光照、渡邉健志

【列車解説・掲載写真キャプション執筆】
渡邉健志

参考文献
・鉄道ファン各号 （交友社刊）
・レイル・マガジン各号 （ネコ・パブリッシング刊）
・EF58ものがたり （交友社刊）
・昭和天皇御召列車全記録 （新潮社刊）

執筆協力／田邊弘明・栗原禎司（元日本国有鉄道 機関士）

# EF58 最後に輝いた記録

2022年6月1日 第1刷発行

著 者……………諸河 久
発行人……………高山和彦
発行所……………株式会社フォト・パブリッシング
　　　　　　　　〒161-0032 東京都新宿区中落合2-12-26
　　　　　　　　TEL.03-6914-0121 FAX.03-5955-8101
発売元……………株式会社メディアパル（共同出版者・流通責任者）
　　　　　　　　〒162-8710 東京都新宿区東五軒町6-24
　　　　　　　　TEL.03-5261-1171 FAX.03-3235-4645
デザイン・DTP ………柏倉栄治（装丁・本文とも）
印刷所……………新星社西川印刷株式会社

ISBN978-4-8021-3329-6 C0026